Bibliografische Information der Deutschen Nationalbibliothek:

Die Deutsche Bibliothek verzeichnet diese Publikation in der Deutschen Nationalbibliografie; detaillierte bibliografische Daten sind im Internet über http://dnb.d-nb.de/ abrufbar.

Impressum:

Druck und Bindung: Books on Demand GmbH, Norderstedt Germany
ISBN: 9783668334748

Dieses Buch bei GRIN:

http://www.grin.com/de/e-book/343252/ernaehrung-bei-metabolischem-syndrom

Sven-David Müller

Ernährung bei metabolischem Syndrom

Das metabolische Syndrom durch eine Ernährungstherapie beeinflussen

GRIN Verlag

Der Stellenwert der Ernährungstherapie beim metabolischen Syndrom

von Sven-David Müller, MSc., Nidderau

In der Prophylaxe und den Therapiekonzepten von ernährungs(mit)bedingten akuten und chronischen Erkrankungen spielt die Ernährungstherapie nicht nur im Bereich der Schulmedizin noch immer eine untergeordnete Rolle. Andererseits ist die Ernährungstherapie oftmals bedauerlicherweise nicht auf den Grundlagen wissenschaftlicher Erkenntnisse fußend. Vor dem Hintergrund der „Übergewichts- und Adipositas-Epidemie" in den westlichen Industrieländern ist das kaum nachvollziehbar. In jedem Falle ergibt sich daraus eine Chance für die Naturheilkunde, sofern die von ihr vertretene diätetische Therapie wissenschaftlich begründbar ist und nicht abseits der medizinischen Leitlinien begründet wird.

BRD = Bundesrepublik Dickland

In Deutschland sind nach Angaben des Robert Koch Institutes (Berlin) zwei Drittel der Männer und die Hälfte der Frauen (53 %) in Deutschland übergewichtig. Ein Viertel der Erwachsenen ist fettsüchtig (adipös). Übergewicht und Adipositas führen auf dem Boden von einer genetischen Prädisposition, Bewegungsmangel, Stress sowie einer Fehl- und/oder Überernährung häufig zum sogenannten metabolischen Syndrom. Das gemeinsame Vorkommen von Hypertonie, Adipositas – in der Regel mit androider Fettverteilung, Dyslipidämien mit hohem LDL, niedrigem HDL und/oder Hypertriglyzeridämie und Diabetes mellitus Typ 2 oder gestörter Glucosetoleranz wird als Metabolisches Syndrom bezeichnet. Viele Patienten, die unter einem metabolischen Syndrom leiden, leiden gleichzeitig auch unter einer Verfettung der Leber. Es ist State oft he Art, dass eine erhöhte Körperfettmenge und eine Insulinresistenz bei der Krankheitsentstehung eine Schlüsselrolle spielen. Die zugrunde liegenden Stoffwechselprozesse der verschiedenen beteiligten Erkrankungen bedingen und beeinflussen sich dabei gegenseitig.

Low Carb- und Low Fat sind heute gleichberechtigt

Es ist wissenschaftlich eindeutig gesichert, dass Patienten mit einem metabolischem Syndrom ein deutlich höheres kardiovaskuläres Risiko haben. Sie haben also ein erhöhtes Morbiditätsrisiko. Zudem ist das Mortalitätsrisiko erhöht. Prophylaxe, Diagnostik, Therapie und Verlaufskontrolle sind komplex und an den Patienten und den Therapeuten oder vielmehr das therapeutische Team (Arzt/Heilpraktiker und Diätassistent, Psychologe sowie Physiotherapeut) werden höhere Anforderungen hinsichtlich der Durchführung der Therapie und der Compliance gestellt. Die diätetische Therapie steht im Mittelpunkt der therapeutischen Maßnahmen. Während in der Vergangenheit praktisch ausschließlich „Low Fat-Methoden" zur Gewichtsreduktion empfohlen wurden, zeigen die aktuellen Ernährungsempfehlungen in der medizinischen Leitlinien für Diabetiker und Übergewichtige, dass auch „Low-Carb-Methoden" einen Stellenwert haben. Darauf wird im Beitrag zur Logi-Methode ausführlich eingegangen. Alle medizinischen und ernährungsmedizinischen Fachgesellschaften gehen heute davon aus und empfehlen, dass bei jedem Patienten geprüft werden muss, welche Methode zur Gewichtsreduktion die zielführende ist.

Die Welt verzuckert zunehmend

In Deutschland leben nach Angaben der Deutschen Diabetes Gesellschaft rund 8 Millionen Diabetiker. Das Gros der Betroffenen leidet unter Diabetes mellitus Typ 2. Früher wurde diese Erkrankungsform als Altersdiabetes bezeichnet. Die Welt ist sozusagen überzuckert. Nach Schätzung der Internationalen Diabetes Federation leiden weltweit rund 380 Millionen Menschen an der chronischen Stoffwechselstörung Diabetes mellitus. Kardinalsymptom ist die Hyperglykämie. Bei einem Nüchternblutzucker von > 126 mg/dl (7,0 mmol/l) wird die Diagnose Diabetes mellitus gestellt. In Deutschland sind schon fast zehn Prozent der Bevölkerung von der chronischen Stoffwechselstörung mit dem Kardinalsymptom Überzuckerung betroffen. Während und nach dem zweiten Weltkrieg war in Nord- und Mitteleuropa kaum ein neuer Diabetes-Fall zu beklagen. Warum hat sich das in den letzten 60 Jahren so extrem verändert? Die Antwort ist einfach: Unser Wohlstand und unsere Bequemlichkeit machen uns krank und führen zu Diabetes mellitus Typ 2. Und das ist die häufigste Form des Diabetes mellitus.

Von Zuckerkrankheit keine Spur

Volkskrankheit Diabetes ist die Devise der Medizin und in den Medien. Ist das wirklich so oder macht uns nur die Pharmaindustrie krank, um mehr Kunden für ihre Arzneimittel zu haben, wie es immer wieder von Hypertonie und Dyslipoproteinämien kolportiert wird? Nein – Diabetes mellitus überzieht die Welt immer mehr. Aber die Krankheit wird von vielen

Fehleinschätzungen beherrscht. Denken wir an Diabetes mellitus, denken wir an Insulinspritzen, Zuckerkrankheit und Diät. Und alle drei Gedanken sind praktisch vollständig falsch. Das Gros der Diabetiker spritzt kein Insulin, die Bezeichnung Zuckerkrankheit führt in die Irre und eine strenge Diät muss auch kein Diabetiker einhalten.

Die gesunde Ernährungsweise hat die Diabetesdiät abgelöst

Eine diabetesgerechte Ernährungsweise ist nichts anderes als eine gesunde ausgewogene Kost. Diese zeichnet sich durch einen Reichtum an Gemüse (roh und gekocht) sowie Frischobst aus. Sie enthält bevorzugt Vollkornprodukte und beinhaltet ausreichend hochwertiges Fleisch, Fettfisch (beispielsweise Wildlachs, Makrele oder Tunfisch) und Geflügel sowie Hühnereier. Die Fette sollten pflanzlicher Herkunft (beispielsweise Raps-, Lein- oder Walnussöl sowie Diätmargarine) sein, da aktuelle Studien zeigen, dass Butter reich an gefährlichen Transfettsäuren ist. Demgegenüber enthalten Nüsse, Samen und daraus gewonnene Öle sowie Diätmargarine keine oder praktisch keine Transfettsäuren. Zudem tragen Sie zur Bedarfsdeckung essentieller Fettsäuen bei und führen dem Organismus insbesondere hochwertige ungesättigte Fettsäuren aber kaum gesättigte Fettsäuren zu. Einige gesättigte Fettsäuren sind übermäßig zugeführt nachweislich atherogen. Ein Saccharoseverbot für Diabetiker spricht die Deutsche Diabetes Gesellschaft analog der anderen Fachgesellschaften nicht mehr aus. Warum auch? Haushaltszucker (Saccharose) steigert den Blutzuckerspiegel langsamer als Weißbrot oder Kartoffelbrei. Der glykämische Index und die glykämische Ladung haben diese Erkenntnisse gebracht und werden zunehmend beachtet. Die Leitlinie sieht dabei „Low Carb“ und „Low Fat“ in der Ernährungstherapie gleichberechtigt vor. Bedauerlicherweise bezeichnen noch immer viele den Diabetes als Zuckerkrankheit. Die wörtliche Übersetzung von Diabetes mellitus aber ist honigsüßer Hindurchfluss. Bei Diabetikern ist nicht der Zucker krank, sondern die Blutzuckerregulation funktioniert nicht. Es kommt zur Überzuckerung im Blut – der Blutzuckerspiegel steigt auf Werte oberhalb von 126 mg/dl an. Die Ursache dafür ist aber in der Regel nicht ein Insulinmangel, sondern eine Insulinresistenz bei Hyperinsulinämie. Durch erbliche Faktoren, Übergewicht und Fettsucht (Adipositas), Bewegungsmangel sowie Fehl- und Überernährung wird immer mehr Insulin benötigt, die Insulinwirkung an den Zellen geht aber zurück. Ein Teufelskreis beginnt. Irgendwann ist die Resistenz gegenüber dem in den Beta-Zellen der Langerhans´schen Inseln produzierten Insulin so groß, dass die

Blutzuckerwerte ansteigen. Die Ursache für den Diabetes mellitus ist niemals in einer zuckerreichen Ernährungsweise zu finden, sondern vielmehr in einer allgemeinen Fehl- und Überernährung. Gesättigte Fettsäuren aus tierischen Produkten, Fast Food, Weißmehlprodukte und Snacks sind Hauptursachen.

Diabetes mellitus Typ 2 muss nicht sein

Die Lösung des Diabetesproblems ist in der Prophylaxe zu suchen und zu finden. Viel Alltagsbewegung und dreimal wöchentlich 45 Minuten Sport (erhöhen den Energieverbrauch), tägliche Spaziergänge an frischer Luft und Ausnutzung der Sonnenstrahlen (wichtig für die Vitamin-D-Produktion zur Diabetesvorbeugung), Stressabbau durch Autogenes Training (beugt einer Überproduktion von Cortison und anderen Hormonen vor, hilft beim Abnehmen und verhindert oder verringert die Insulinresistenz), reichlich Gemüse und Frischobst (versorgen den Körper mit lebenswichtigen Vitaminen, Mineralstoffen, Ballaststoffen und sekundären Pflanzenstoffen – in Gemüse und Frischobst steckt einfach viel Gesundheit), Bevorzugung von ballaststoffreichen Getreideprodukten wie Vollkornhafer (versorgen den Körper mit sättigenden Ballaststoffen und wertvollen sekundären Pflanzenstoffe, die wie Beta-Glukan den Cholesterinspiegel senken können und beim Abnehmen helfen), ausreichende Proteinaufnahme über fettarme Milchprodukte (liefert reichlich sättigendes Eiweiß) sowie mageres Fleisch (liefert wichtige Aminosäuren, die dem Muskelabbau auch bei der Gewichtsabnahme vorbeugen) und reichliches Trinken ist ein optimales Präventionsprogramm. In der Ernährungsaufklärung wird dem Trinken zu wenig Platz eingeräumt und so ist es leicht erklärlich, warum viele Menschen viel zu wenig trinken. Optimal sind 2 Liter täglich. Wasser und Mineralwasser sowie Schorlen (Mischungsverhältnis 1 Teil Saft und 2 Teile Mineralwasser) und wenig zuckergesüßte Softdrinks sind gut geeignet, den Flüssigkeitsbedarf des Menschen sinnvoll zu decken. Bis zu vier Tassen Kaffee oder Schwarztee schaden der Gesundheit nicht. Studien zeigen, dass der Austausch von Zucker durch Süßstoffe insbesondere bei Softdrinks helfen kann, das Gewicht zu senken. Daher sollten Menschen, die Diabetesfälle in ihrer Verwandtschaft haben, auf Zucker im Kaffee oder Tee verzichten und mit Süßstoff süßen. Bei Limonaden und Cola-Getränken können sie auf die fast kalorienfreien süßstoffgesüßten Alternativen zurückgreifen. Süßstoffe wie Aspartam, Acesulfam Kalium, Saccharin, Cyclamat oder Steviolglycoside haben keinen Einfluss auf die Hunger-Sättigungs-Regulation, den

Blutzuckerspiegel und können in normalen Mengen auch von Kindern und Jugendlichen bedenkenlos aufgenommen werden.

In der Küche sollte nicht Schmalhans, sondern Kreativjan Küchenmeister sein. Leckere Eintöpfe, aromatische Früchtesalate, deftige Gemüsepfannen, kräftige Hülsenfruchtsuppen oder schmackhafte Pilzaufläufe sind ein wahrer Gaumenschmaus, der nicht auf die Hüften schlägt, nachhaltig sättigt und für Diabetiker und Menschen, die es nicht werden wollen, perfekt geeignet ist. Gerichte mit reichlich Wasser – wie Suppen, Eintöpfe und Co. – sind optimal. In Suppen steckt vornehmlich Wasser und das hat bekanntlich keine Kalorien. Durch Gemüse und Obst erhält das Gericht reichlich Ballaststoffe und das macht langfristig satt. Zudem zeigen Studien, dass viel Obst und Gemüse Diabetes vorbeugt. Die Veggies sind außerdem auch optimal für alle Diabetiker. Die Zeiten, in denen Diabetikern süßes Obst wie reife Bananen oder Weintrauben versagt wurde, sind längst vorbei. Es war nie sinnvoll oder durch wissenschaftliche Erkenntnisse gestützt. In der Prophylaxe des Diabetes mellitus und zum Abbau von Übergewicht und Adipositas allgemein sollte die Energiezufuhr zwischen 1.200 und 1.600 Kilokalorien täglich liegen. Weniger ist hier nicht mehr! Übergewichtigen Diabetikern ist das gleiche anzuraten. Sie sollten eine kalorienbewusste Ernährungsweise einhalten. Die Brot-, Berechnungs- oder Kohlenhydrateinheiten müssen nur insulinpflichtige Diabetiker einhalten. Von der BE-Berechnung nimmt man nämlich nicht ab!
Oftmals ist von leichtem und schwerem Diabetes zu hören und zu lesen. Das ist der vierte Kardinalfehler im Verständnis der Erkrankung. Es gibt keinen leichten und schweren Diabetes. Der früher als Altersdiabetes bezeichnete Typ 2 Diabetes mellitus ist genauso ernst zu nehmen, wie der jugendliche Diabetes mellitus (Typ 1 Diabetes mellitus). Alle Diabetiker sind bei schlechter Blutzucker- und Blutdruckeinstellung von Folgekomplikationen bedroht, die insbesondere das Herz, die Augen, die Nieren und die Nerven betreffen. Bedauerlich ist, dass viele Ärzte Diabetes mellitus Typ 2 nicht hinreichend ernst nehmen. Es gibt keinen leichten Diabetes! Jeder Diabetiker sollte sich und seine Erkrankung ernst nehmen. Andernfalls kann er zum Tod durch Herzinfarkt (im Rahmen der diabetischen Makroangiopathie in Kombination mit Fettstoffwechselstörungen, Bluthochdruck und diabetischer Polyneuropathie), zur Dialysepflicht (Endstadium der diabetischen Nephropathie), Amputation der unteren Extremitäten (diabetischer Fuß) oder Erblindung (Endstadium der diabetischen Retinopathie) führen. Durch eine gute Schulung sollten

Betroffene erlernen ihren Diabetes zu beherrschen, damit sie nicht von ihm beherrscht werden. Gute Schulung und Einstellung beugen Folgekomplikationen vor und ermöglichen ein normales Leben bei normaler Morbidität und Mortalität. Würden alle Menschen auf einen bewegten Alltag achten, sportlich sein, mehr Gemüse sowie Obst essen und sich mehr entspannen, gäbe es weniger Diabetiker und die Diabetiker selbst wären besser eingestellt. Und darauf einen knackigen Apfel!

Insulinmangel und fehlende Insulinwirkung führen zu Diabetes mellitus

Menschen mit Diabetes mellitus leiden an einem Fehlen (Typ 1) oder an einer unzureichenden Wirkung – später Ausschüttung (Typ 2) des Peptidhormons Insulin. In der Ernährungstherapie darf nicht übersehen werden, dass die Synthese und Speicherung von Insulin zinkabhängig ist. Eine regelmäßige Zinksubstitution (15 bis 30 mg Zinkhistidin täglich) sollte zur Standardtherapie aller Diabetiker gehören. Nicht nur für die Naturheilkunde sollte auch die Substitution von Chrom, Zimt, Magnesium und Alpha-Liponsäure zum Standdiätprogramm des Diabetes mellitus gehören.

Ziele der Diabetestherapie

Grundsätzlich ist es das einer Diabetes-Ernährungstherapie die Glucosehomöostase in einem optimalen Bereich (Ziel HBA1c: < 7,5 bis 7,0) zu halten. Das wird über die gleichmäßige Verteilung von kohlenhydrathaltigen Mahlzeiten über den Tag, über die Mahlzeitenzusammensetzung und über die Auswahl bestimmter Kohlenhydrate erreicht. Letzteres bedeutet, daß vorwiegend komplexe Kohlenhydrate mit hohem Ballaststoffanteil ausgewählt werden sollten, deren langsamere Aufspaltung zu einem geringeren Anstieg des Blutzuckerspiegels führt. Ein ähnlicher Effekt wird erzielt, wenn Kohlenhydrate zusammen mit Protein und/oder Triglyzeriden gegessen werden und nicht als einziger Mahlzeitenbestandteil. Aktuelle Forschungsergebnisse haben gezeigt, daß komplexe Kohlenhydrate (Vollkorngetreide und -produkte, Gemüse) einen ungleich günstigeren Einfluß auf den Blutzuckerspiegel haben als einfache Zucker (Weißmehlprodukte, Kohlenhydrate vom Glucosetyp etc.) und daher eigentlich anders bewertet werden müßten. Nach wie vor ist die Broteinheit (1 BE entspricht 12 g verwertbaren Kohlenhydraten) aber gebräuchlich und vermittelt einen Überblick über die entsprechend ausgewiesenen Lebensmittel.

Atkins würde sich über die aktuellen Leitlinien freuen

Für den am 17. April 2003 in New York verstorbenen Kardiologen und „Fettpapst" Robert Colemann Atkins war nach jahrzehntelanger Forschung klar, dass im Fett Schlank- und Gesundheit begründet liegen. Jahrzehntelang folgten die Ernährungsleitlinien nicht den Erkenntnissen der Ernährungsmedizin. Seit relativ kurzer Zeit „erlauben" die Leitlinien für Übergewichtige und Diabetiker neben einer „Low Fat" auch eine „Low Carb" Ernährungsweise zum Abbau von Übergewicht. Das ist in vielerlei Hinsicht sinnvoll und wissenschaftlich gut zu untermauern. Die bisherige Ernährungstherapie fußt zudem auf der Theorie, dass eine fettreiche Ernährungsweise auslösender Faktor für die pathologische Veränderung der Arterien darstellt und das darin wiederrum bedeutenden Risikofaktoren für die Todesursachen Herzinfarkt und Schlaganfall begründet sind. Nach Angaben des Statistischen Bundesamtes in Wiesbaden gingen im Jahr 2010 41 Prozent der Todesfälle auf das Konto von Herz-Kreislauf-Erkrankungen. 352.689 Menschen (149.471 Männer und 203.218 Frauen) starben daran. An bösartigen Neubildungen verstarben „lediglich" 218.889 Menschen. Herz-Kreislauf-Erkrankungen sind häufig in einem unbehandelten metabolischen Syndrom begründet.

Ernährung aus evolutionärer Sicht

Kann ein essentieller Nährstoff wie Fett für Todesfälle verantwortlich sein? In der menschlichen Evolution war die Ernährung grundsätzlich anders zusammengesetzt als heute. Es gibt beispielsweise erst seit 1869 „Kunstbutter", die wir heute Margarine nennen. Im Auftrag von Napoleon dem Dritten erfand der Chemiker Hippolyte Mége-Mouriés eine preiswerte Butter aus Milch, Wasser und Nierenfett, das mit Lab oder zerstoßenem Kuheuter vermischt wurde. Schon im gleichen Jahr produzierte Benedikt Klein (Apotheker) in Köln-Nippes Margarine. Auch Speiseöle stehen uns erst seit einigen tausend Jahren zur Verfügung. Über Jahrmillionen hatte der „Urmensch" und der moderne Mensch (Homo sapiens) Fett insbesondere aus Insekten (fettarm), Aas (gegebenenfalls fettreich), Nüssen und Samen (fettreich) sowie Früchten und Gemüsen (in der Regel extrem fettarm) zur Verfügung. Milch und Milchprodukte stehen erst seit wenigen tausend Jahren auf dem Speiseplan des Menschen. Fleisch und Fisch erfordert bei der Jagd, Zerteilung, Zubereitung und dem Verzehr viele Techniken über die der Mensch und seine Ahnen nicht seit vielen hunderttausend Jahren verfügen. Dementsprechend war die Ernährungsweise in der

Geschichte des Menschen geprägt von Kohlenhydraten, veganen Proteinträgern, relativ wenig Fett und wenig „Großtierprodukten". Sie war hypokalorisch und viele verhungerten. Heute sind die Ernährungsweise und die Bewegungserfordernisse völlig anders. Bewegungsmangel steht Überernährung gegenüber. Insbesondere die Zufuhr an Kohlenhydraten mit einer hohen glykämischen Last und an industriell oder bei der Herstellung/Zubereitung veränderten Fetten ist (extrem) hoch.

Fettzufuhr - IST-Zustand

Die durchschnittliche Fettzufuhr liegt bei uns über den aktuellen Empfehlungen von bis zu 35 Energieprozent Fett. Männer nehmen im Durchschnitt 36,4 und Frauen 36,1% Fett täglich auf. Die durchschnittliche Aufnahme an gesättigten Fettsäuren beträgt bei den Männern 14,6% (Frauen: 14,7%), die Zufuhr an einfach ungesättigten Fettsäuren liegt bei Männern bei 13,6% (Frauen: 13,3%) und 5,8% beträgt der aufgenommene Anteil der mehrfach ungesättigten Fettsäuren der Männer (Frauen: 5,6%).[1] Insgesamt zeigt sich eine zu hohe Fettzufuhr. Dabei ist die Zufuhr von gesättigten Fettsäuren gefährlich hoch und die der mehrfach ungesättigten Fettsäuren zu niedrig. Vor diesem Hintergrund ist die Empfehlung täglich eine handvoll Nüsse zu verzehren sinnvoll, sofern diese nicht gesalzen und geröstet sind. Empfehlenswert wären Walnüsse, Mandeln oder Pistazien. Leider ist die Zufuhr von Transfettsäuren viel zu hoch. Das ist insbesondere auf den Konsum von Butter, fettem Widerkäuerfleisch sowie fettreichen Milchprodukten zurückzuführen. Nüsse, Samen und Öle sowie Diätmargarine sind frei oder praktisch frei von Transfettsäuren.

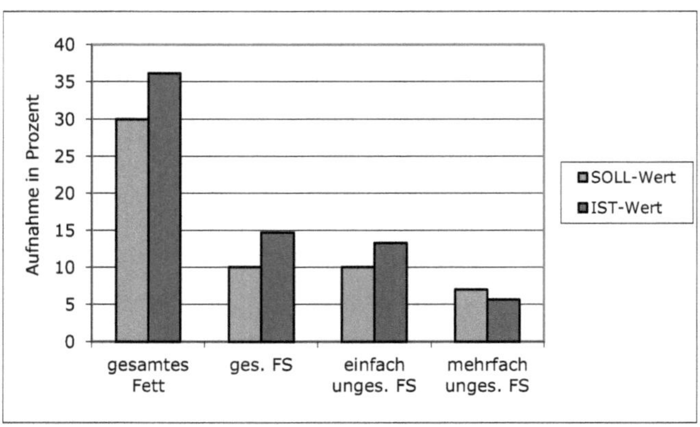

[1] DGE: Ernährungsbericht, 2000, S. 44 und 45

Abbildung: Fettaufnahme im IST-/SOLL-Vergleich

Nach der Vera-Studie nehmen Männer 117,2g Fett/Tag und Frauen 92,0g auf. Bei beiden Geschlechtern fällt ein Anteil von 47% auf gesättigte Fettsäuren, 39% auf einfach ungesättigte Fettsäuren und 14% auf mehrfach ungesättigte Fettsäuren an. Um eine Änderungen der Fettzufuhr zu erreichen ist es erforderlich, die Hauptfettaufnahme-Lebensmittelgruppen zu kennen. Es zeigt sich, dass in der Durchschnittskost das Gros der Fettaufnahme aus Fleisch- und Wurstwaren stammt. Größere Mengen stammen auch noch aus Milch, Milchprodukten und Fleisch. Hier ließe sich durch neue Rezepten und Veränderungen der Zusammensetzung viel erreichen. Es wäre einerseits möglich, die Fettmenge einzuschränken. Viel wichtiger wäre aber eine Verschiebung von gesättigten Fettsäuren zu ein- und mehrfach ungesättigten Fettsäuren sowie die vollständige Ausschließung von Transfettsäuren. Fett wird neben der Energiegewinnung zur Deckung der unentbehrlichen Fettsäuren und für die Aufnahme der fettlöslichen Vitamine benötigt. Sinnvoll ist eine Fettzufuhr von 30 bis 40 Energieprozent.

Transfettsäuren sind gefährlich

Noch bedenklicher als gesättigte Fettsäuren sind Transfettsäuren. Die ungesättigten Transfettsäuren liegen in der **trans-Form** und nicht in der cis-Form vor, die üblicherweise in der Natur dominiert. Transfettsäuren kommen insbesondere **im Fett und in der Milch von Wiederkäuern**, folglich auch in Butter, Sahne und Rindfleisch, vor, weil Bakterien aus dem Pansen die Fettsäuren zu Transfettsäuren umbauen.[2] Transfettsäuren erhöhen die Triglyzeride und das LDL-Cholesterol und erniedrigen das HDL-Cholesterol im Blut. Zudem steigt das Risiko, an Arteriosklerose zu erkranken und die Thrombozytenaggregation ist erhöht. Durch Einlagerung von Transfettsäuren in Membranen verändert sich deren Fluidität und Funktion.[3] Außerdem wird die Eicosanoidbildung aus cis- ω -6 und cis- ω -3-Fettsäuren gehemmt[4], so dass der Bedarf an mehrfach ungesättigten Fettsäuren leicht erhöht ist. Die Aufnahme an Transfettsäuren sollte 1 Prozent der Nahrungsenergie nicht übersteigen. Das wären bei einem Energieverbrauch von 2400 kcal/Tag etwa 2,6g. Laut Untersuchungen von

[2] Brockhaus Ernährung, 2004, S.627
[3] Suter, 2002, S.69
[4] Götz; Rabast, 1999, S.44

Steinhart beträgt die durchschnittliche Zufuhr bei Frauen 1,9g/Tag und bei Männern 2,3 g/Tag.[5]

transfettsäurenreiche Lebensmittel
Butter
Sahne
Fetter Käse
Fette Milchprodukte
Blätterteig
Pommes frites
Chips
Gebäck
Fertigsuppen- und Saucen
Fettes Rindfleisch

Besseres Fett ist herz-gefäß-gesund

Die Zufuhr von gesättigten Fettsäuren muss eingeschränkt werden, wenn der Cholesterinspiegel zu hoch ist. Transfettsäuren sollten in möglichst geringer Menge zugeführt werden. In höherer Menge sind Omega-3-Fettsäuren und ungesättigte Fettsäuren erlaubt. Als Zubereitungsfett sollten ausschließlich hoch erhitzbare Fette wie raffinierte Pflanzenöle – mit einem Rauchpunkt über 160 Grad Celsius – wie Raps-, Soja-, Sonnenblumen-, Erdnuss- oder Maiskeimöl verwendet werden. Das Fettsäuremuster von Olivenöl ist eher ungünstig für die heiße und kalte Küche. Andere Öle sind Olivenöl deutlich überlegen. Olivenöl ist arm an Vitamin E, enthält praktisch keine Omega-3-Fettsäuren und kann nicht entscheidend zur Bedarfsdeckung essentieller Fettsäuren beitragen. Besonders empfehlenswert aufgrund des Fettsäurenmusters ist Rapsöl. Es eignet sich in raffinierter Form bestens zum Braten, aber auch für die generelle Verwendung in der Küche. Hier sollte kaltgepresstes Rapsöl bevorzugt werden. Es zeichnet sich besonders durch das günstige Verhältnis von n-6 (Linolsäure) zu n-3 Fettsäuren (α-Linolensäure) aus. Rapsöl trägt in hohem

---

[5] Kasper, 2004, S. 12

Maße zu einer vermehrten Aufnahme von n-3 Fettsäuren bei. Menschen, die keinen Fisch mögen oder vertragen, können ihren Omega-3-Fettsäure-Bedarf durch pflanzliche Öle, Algen und gegebenenfalls Nahrungsergänzungsmittel, Diätetik oder Arzneimittel decken. Als Streichfett sollten hochwertige Margarinen (Diät- und Reformmargarinen) bevorzugt werden, da diese keine Cholesterinbelastung haben, keine Transfettsäuen und wenig gesättigte Fettsäuren enthalten und zusätzlich entscheidend zur Bedarfsdeckung essentieller Fettsäuren beitragen. Butter ist reich an Cholesterin, gesättigten Fettsäuren und Transfettsäuren. Vor dem Hintergrund der gesundheitlichen Auswirkungen sollte in der gesundheitsbewussten Ernährungsweise auf Butter verzichtet werden.

Fettzufuhr – State of the Art

Während bisher die wissenschaftlichen Fachgesellschaften insbesondere zur Gewichtsreduktion eine Low Fat-Diät empfohlen haben, zeigt die S3 Leitlinie zur Therapie und Prophylaxe der Adipositas einen Paradigmenwechsel. Erstmalig sind in Deutschland Low Carb-Diäten und Low Fat-Diäten gleichwertig genannt. Der Patient/Kunde kann sich also im Rahmen des therapeutischen Konzepts aussuchen, ob er eine kohlenhydratreduzierte oder eine fettreduzierte Reduktionskost bevorzugt. Auch für die therapeutischen Teams eröffnen sich damit neue Möglichkeiten. Grundsätzlich bleibt festzuhalten, dass einige gesättigte Fettsäuren ein Gesundheitsrisiko darstellen. Die Zufuhr gesättigter Fettsäuren einzuschränken, bleibt das zukünftige Ziel der globalen Ernährungsaufklärung. Demgegenüber scheint es angebracht, für einfach- und mehrfach ungesättigte Fettsäuren eine Entwarnung zu geben. Insbesondere einfach ungesättigte Fettsäuren könnten reichlicher in der Ernährungsweise vorkommen, ohne negative Effekte auszuüben. Es darf aber auch beim Paradigmenwechsel nicht vergessen werden, dass die bei einer Low Carb-Diät anfänglich überlegenen Effekte auf die Gewichtsabnahme nach 6 bis 12 Monaten wieder aufgehoben sind. Gesundheitsförderlich sind insbesondere Omega-3-Fettsäuren, die in einer Menge von 1 bis 3 Gramm (Quelle: DGE e.V., WHO, AHA) aufgenommen werden müssen. Der Konsum von unverarbeiteten Nüssen sollte angehoben werden, um die prophylaktischen und therapeutischen Effekte ausnutzen zu können. Mehr gutes Fett scheint die Devise einer gesundheitsförderlichen Ernährungsweise zu sein. Für Omega-3-Fettsäuren und den Austausch von gesättigten Fettsäuren durch ungesättigte Fettsäuren gibt es einige Health Claims der EFSA. Damit ist eine sinnvolle Kennzeichnung von

Lebensmitteln und gesundheitlichen Effekten möglich. Auch die nährwertbezogenen Angaben sind verbraucherfreundlich gestaltet und erläutert. Im Bereich Fett stehen folgende Aussagen zur Verfügung:

FETTARM

Die Angabe, ein Lebensmittel sei fettarm, sowie jegliche Angabe, die für den Verbraucher voraussichtlich dieselbe Bedeutung hat, ist nur zulässig, wenn das Produkt im Fall von festen Lebensmitteln nicht mehr als 3 g Fett/100 g oder nicht mehr als 1,5 g Fett/100 ml im Fall von flüssigen Lebensmitteln enthält (1,8 g Fett pro 100 ml bei teilentrahmter Milch).

FETTFREI/OHNE FETT

Die Angabe, ein Lebensmittel sei fettfrei/ohne Fett, sowie jegliche Angabe, die für den Verbraucher voraussichtlich dieselbe Bedeutung hat, ist nur zulässig, wenn das Produkt nicht mehr als 0,5 g Fett pro 100 g oder 100 ml enthält. Angaben wie "X % fettfrei" sind verboten.

ARM AN GESÄTTIGTEN FETTSÄUREN

Die Angabe, ein Lebensmittel sei arm an gesättigten Fettsäuren, sowie jegliche Angabe, die für den Verbraucher voraussichtlich dieselbe Bedeutung hat, ist nur zulässig, wenn die Summe der gesättigten Fettsäuren und der trans-Fettsäuren bei einem Produkt im Fall von festen Lebensmitteln 1,5 g/100 g oder 0,75 g/100 ml im Fall von flüssigen Lebensmitteln nicht übersteigt; in beiden Fällen dürfen die gesättigten Fettsäuren und die trans-Fettsäuren insgesamt nicht mehr als 10 % des Brennwerts liefern.

FREI VON GESÄTTIGTEN FETTSÄUREN

Die Angabe, ein Lebensmittel sei frei von gesättigten Fettsäuren, sowie jegliche Angabe, die für den Verbraucher voraussichtlich dieselbe Bedeutung hat, ist nur zulässig, wenn die Summe der gesättigten Fettsäuren und der trans-Fettsäuren 0,1 g je 100 g bzw. 100 ml nicht übersteigt.

QUELLE VON OMEGA-3-FETTSÄUREN

Die Angabe, ein Lebensmittel sei eine Quelle von Omega-3-Fettsäuren, sowie jegliche Angabe, die für den Verbraucher voraussichtlich dieselbe Bedeutung hat, ist nur zulässig, wenn das Produkt mindestens 0,3 g Alpha-Linolensäure pro 100 g und pro 100 kcal oder zusammengenommen mindestens 40 mg Eicosapentaensäure und Docosahexaenoidsäure pro 100 g und pro 100 kcal enthält.

MIT EINEM HOHEN GEHALT AN OMEGA-3-FETTSÄUREN

Die Angabe, ein Lebensmittel habe einen hohen Gehalt an Omega-3-Fettsäuren, sowie jegliche Angabe, die für den Verbraucher voraussichtlich dieselbe Bedeutung hat, ist nur zulässig, wenn das Produkt mindestens 0,6 g Alpha-Linolensäure pro 100 g und pro 100 kcal oder zusammengenommen mindestens 80 mg Eicosapentaensäure und Docosahexaenoidsäure pro 100 g und pro 100 kcal enthält.

MIT EINEM HOHEN GEHALT AN EINFACH UNGESÄTTIGTEN FETTSÄUREN

Die Angabe, ein Lebensmittel habe einen hohen Gehalt an einfach ungesättigten Fettsäuren, sowie jegliche Angabe, die für den Verbraucher voraussichtlich dieselbe Bedeutung hat, ist nur zulässig, wenn mindestens 45 % der im Produkt enthaltenen Fettsäuren aus einfach ungesättigten Fettsäuren stammen und sofern die einfach ungesättigten Fettsäuren über 20 % der Energie des Produktes liefern.

MIT EINEM HOHEN GEHALT AN MEHRFACH UNGESÄTTIGTEN FETTSÄUREN

Die Angabe, ein Lebensmittel habe einen hohen Gehalt an mehrfach ungesättigten Fettsäuren, sowie jegliche Angabe, die für den Verbraucher voraussichtlich dieselbe Bedeutung hat, ist nur zulässig, wenn mindestens 45 % der im Produkt enthaltenen Fettsäuren aus mehrfach ungesättigten Fettsäuren stammen und sofern die mehrfach ungesättigten Fettsäuren über 20 % der Energie des Produktes liefern.

MIT EINEM HOHEN GEHALT AN UNGESÄTTIGTEN FETTSÄUREN

Die Angabe, ein Lebensmittel habe einen hohen Gehalt an ungesättigten Fettsäuren, sowie jegliche Angabe, die für den Verbraucher voraussichtlich dieselbe Bedeutung hat, ist nur zulässig, wenn mindestens 70 % der Fettsäuren im Produkt aus ungesättigten Fettsäuren stammen und sofern die ungesättigten Fettsäuren über 20 % der Energie des Produktes liefern.

Die Health-Claim-Verordnung gibt Verbrauchern und auch der Industrie viel Sicherheit, wenn es um gesundheitsbezogene Aussagen geht. Unter http://ec.europa.eu/nuhclaims/?event=search&CFID=484588&CFTOKEN=210ed7d86b12853a-79A294F9-AAF6-4D3F-486C1817C2047723&jsessionid=9212896b4f9a00b3ff1a5a1559102796b118TR kann die Datenbank der authorisierten und der abgelehnten Health-Claims eingesehen werden. Die Nährwertbezogene Angaben und Bedingungen für ihre Verwendung (HCVO) können beispielsweise unter http://www.bll.de/themen/health-claims/naehrwertbezogene-angaben-und-bedingungen/

Kostenlos angerufen werden. Insgesamt hat die HCVO für mehr Rechtssicherheit gesorgt. Gerade im Bereich der Fette sind diverse sinnvolle Health Claims anerkannt:

- Alpha-linolenic acid (ALA): ALA contributes to the maintenance of normal blood cholesterol levels.
- α-linolenic acid (ALA) & linoleic acid (LA), essential fatty acids: Essential fatty acids are needed for normal growth and development of children.
- Linoleic acid: Linoleic acid contributes to the maintenance of normal blood cholesterol levels
- Eicosapentaenoic acid and docosahexaenoic acid (EPA/DHA): EPA and DHA contribute to the normal function of the heart
- Foods with a low or reduced content of saturated fatty acids: Reducing consumption of saturated fat contributes to the maintenance of normal blood cholesterol levels
- Monounsaturated and/or polyunsaturated fatty acids: Replacing saturated fats with unsaturated fats in the diet contributes to the maintenance of normal blood cholesterol levels [MUFA and PUFA are unsaturated fats]
- Oleic acid: Replacing saturated fats in the diet with unsaturated fats contributes to the maintenance of normal blood cholesterol levels. Oleic acid is an unsaturated fat.

- Olive oil polyphenols (Anmerkung: Natives Olivenöl extra): Olive oil polyphenols contribute to the protection of blood lipids from oxidative stress
- Walnuts: Walnuts contribute to the improvement of the elasticity of blood vessels
- Docosahexaenoic acid (DHA): DHA contributes to maintenance of normal brain function
- Docosahexaenoic acid (DHA): DHA contributes to the maintenance of normal vision
- Docosahexaenoic acid (DHA): DHA contributes to the maintenance of normal blood triglyceride levels
- Docosahexaenoic acid and Eicosapentaenoic acid (DHA/EPA): DHA and EPA contribute to the maintenance of normal blood pressure
- Docosahexaenoic acid and Eicosapentaenoic acid (DHA/EPA): DHA and EPA contribute to the maintenance of normal blood triglyceride levels
- Docosahexaenoic acid (DHA): Docosahexaenoic acid (DHA) maternal intake contributes to the normal brain development of the foetus and breastfed infants.
- Docosahexaenoic acid (DHA): Docosahexaenoic acid (DHA) intake contributes to the normal visual development of infants up to 12 months of age.
- Docosahexaenoic acid (DHA): Docosahexaenoic acid (DHA) maternal intake contributes to the normal development of the eye of the foetus and breastfed infants.
- Plant sterols and plant stanols: Plant sterols/stanols contribute to the maintenance of normal blood cholesterol levels
- Plant sterols/Plant stanol esters: Plant sterols and plant stanol esters have been shown to lower/reduce blood cholesterol. High cholesterol is a risk factor in the development of coronary heart disease.
- Plant sterols: Sterols extracted from plants, free or esterified with food grade fatty acids: Plant sterols have been shown to lower/reduce blood cholesterol. High cholesterol is a risk factor in the development of coronary heart disease.
- Plant stanol esters: Plant stanol esters have been shown to lower/reduce blood cholesterol. High cholesterol is a risk factor in the development of coronary heart disease.

In den praktischen Ernährungsempfehlungen bei metabolischem Syndrom ist es insbesondere wichtig, eine alltagsgerechte Kost zu empfehlen. Diese sollte sich mit den Gewohnheiten des Patienten – soweit möglich – decken. In jedem Falle sollten Pflanzenöle, daraus hergestellte Diätmargarine, Nüsse und Samen Butter, Schmalz und anderen Fetten vorgezogen werden. Es sollten solche bevorzugt werden, die zur Deckung des Bedarfes an essentiellen Fettsäuren (Linolsäure (Omega-3-Fettsäure) und Linolensäure (Omega-3-Fettsäure) beitragen und ein Ungleichgewicht von Omega-6- zu Omega-3-Fettsäuren beitragen. Die Deutsche Gesellschaft für Ernährung (DGE) e.V. gibt ein optimales Verhältnis von Omega-6 zu Omega-3 Fettsäuren von 5 zu 1 an. Die Durchschnittliche Ernährungsweise enthält mehr Omega-6-Fettsäuren. Dementsprechend sind Rapsöl, Leinöl und Nussöle (insbesondere Walnussöl) besonders empfehlenswert. Die genannten Öle haben einen an einfach ungesättigten Fettsäuren, sowie Raps-, Lein- und Walnussöl aufgrund des hohen Gehaltes an der ω-3-Fettsäure α-Linolensäure. Demgegenüber sollten tierische Fette mit Ausnahme von Omega-3-Fettsäuren aus Fettfischen gemieden werden. In tierischen Fetten kommen oft reichlich gesättigte Fettsäuren vor. Die Kost sollte nicht in erster Linie auf Kohlenhydrate setzen und ausreichend Proteine enthalten. Eine ausreichende Ballaststoffzufuhr ist zu gewährleisten. Im Rahmen einer modernen Ernährungstherapie ist es möglich, zur Beherrschung des metabolischen Syndroms beizutragen. Die Verteufelung von „Low Carb" Diätkostformen ist obsolet.

Autor:

Sven-David Müller, Master of Science in Applied Nutritional Medicine (Angewandte Ernährungsmedizin)
Staatlich anerkannter Diätassistent und Diabetesberater der Deutschen Diabetes Gesellschaft (DDG)
1. Vorsitzender des Deutschen Kompetenzzentrum Gesundheitsförderung und Diätetik e.V.
Heinersdorfer Straße 38
12209 Berlin-Lichterfelde
www.svendavidmueller.de
www.dkgd.de
sdm@svendavidmueller.de

Literatur/Quellen:

Diätetik und Ernährungsberatung, Hrsg. Eva Lückerath und Sven-David Müller, Haug Verlag, 2015

Berufs- und Beratungspraxis für Diätassistenten und Ernährungswissenschaftler, Hrsg. Sven-David Müller, Mainz Verlag Aachen, 2015

Literatur/Quellen:

http://www.rki.de/DE/Content/Gesundheitsmonitoring/Themen/Uebergewicht_Adipositas/Uebergewicht_Adipositas_node.html

http://de.statista.com/themen/262/diabetes/

http://www.dzd-ev.de/diabetes-die-krankheit/diagnose/index.html

https://www.destatis.de/DE/PresseService/Presse/Pressemitteilungen/2011/09/PD11_354_232.html

http://www.cyberlipid.org/glycer/glyc0010.htm

https://www.in-form.de/buergerportal/in-form-sein/bewusste-ernaehrung/lebensmittel-im-fokus/eine-handvoll-nuesse.html

http://www.dge.de/modules.php?name=News&file=article&sid=211

http://www.dge.de/modules.php?name=News&file=article&sid=733

http://www.adipositas-gesellschaft.de/index.php?id=9